© Fleurus Éditions, Paris 2011
Titel der französischen Ausgabe:
L'imagerie de la Terre
© 2012 der deutschsprachigen Ausgabe:
Tandem Verlag GmbH
Alle Rechte vorbehalten
Gesamtherstellung: Tandem Verlag GmbH, Potsdam
ISBN 978-3-8427-0496-1

10 9 8 7 6 5 4 3 2 1

Dein buntes Wörterbuch der Erde

Idee:
Émilie Beaumont

Text:
Agnès Vandewièle
Hélène Grimault

Illustrationen:
Bernard Alunni
Marie-Christine Lemayeur
Clotilde Palomino

Aus dem Französischen von Regina Enderle

tandem.VERLAG

INHALTSVERZEICHNIS

DIE ERDE
IM WELTALL

DIE ERDE IST TEIL DER MILCHSTRASSE

Im Weltall gibt es 100 Milliarden Galaxien. Eine Galaxie ist eine gigantische Ansammlung von Sternen, Gasen, Staubteilchen und Planeten.

Die Erde ist Teil des Sonnensystems und befindet sich mit ihm in einem der Arme der Milchstraße.

Position des Sonnensystems

Die Sonne im Zentrum unseres Sonnensystems ist inmitten der gewaltigen Galaxie nur ein winziger Punkt.

Die Erde ist Teil einer Galaxie namens Milchstraße. Diese ist spiralförmig aufgebaut und hat mehrere Arme. Wie alle Galaxien bewegt sich auch die Milchstraße beständig durch das Weltall.

Das Sonnensystem bewegt sich innerhalb der Milchstraße: In 225 Millionen Jahren kreist es einmal um die Galaxie.

Zur Milchstraße gehören zwischen 200 und 400 Milliarden Sterne. Von der Erde aus sieht man die Milchstraße als langes weißes Band am Nachthimmel.

DIE ERDE IST TEIL DES SONNENSYSTEMS

Die Sonne, die Planeten und alle um die Sonne kreisenden Himmels-körper (Asteroiden, Kometen) gehören zum Sonnensystem.

Mars

Venus

Merkur

Asteroiden-gürtel

Mond

Erde

Die Sonne im Zentrum ist ein hell leuchtender Stern. Das Sonnensystem entstand vor 4 oder 5 Milliarden Jahren nach dem Zusammenbruch einer gewaltigen Wolke aus Gas und Staub, die man auch Urwolke nennt.

Jupiter

Uranus

Saturn

Neptun

Die Entstehung der Erde

Vor rund 5 Milliarden Jahren brach die Urwolke zusammen.

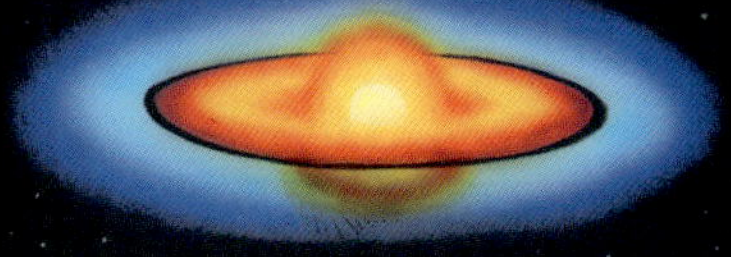

Die Temperatur stieg, und die Urwolke nahm die Form einer Scheibe an. Das Zentrum in der Mitte wurde extrem heiß und begann zu leuchten: Die Sonne entstand.

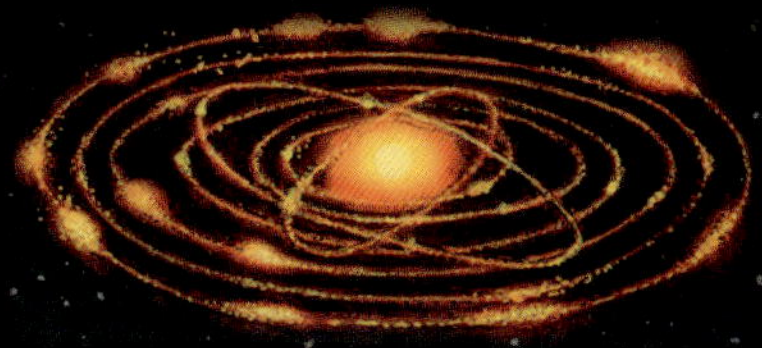

Die Staubteilchen und Gesteinsbrocken, die um die Sonne kreisten, klumpten zusammen und bildeten die Planeten, darunter auch die Erde.

In der Folgezeit hagelten Meteoriten auf die Erde nieder, die gewaltige Krater hinterließen.

Vor 3,9 Milliarden Jahren gingen gewaltige Regenfälle nieder. Die Krater füllten sich mit Wasser: Die Ozeane entstanden.

DER BLAUE PLANET

Die Erde wird auch „der Blaue Planet" genannt, denn drei Viertel ihrer Oberfläche sind von Meeren und Ozeanen bedeckt.

Vom Mond aus sieht die Erde so aus.

Das Wasser gibt unserem Planeten die Farbe.
Vom Weltraum aus gesehen erscheint die Erde ganz blau.
Der größte und tiefste Ozean ist der Pazifische Ozean.

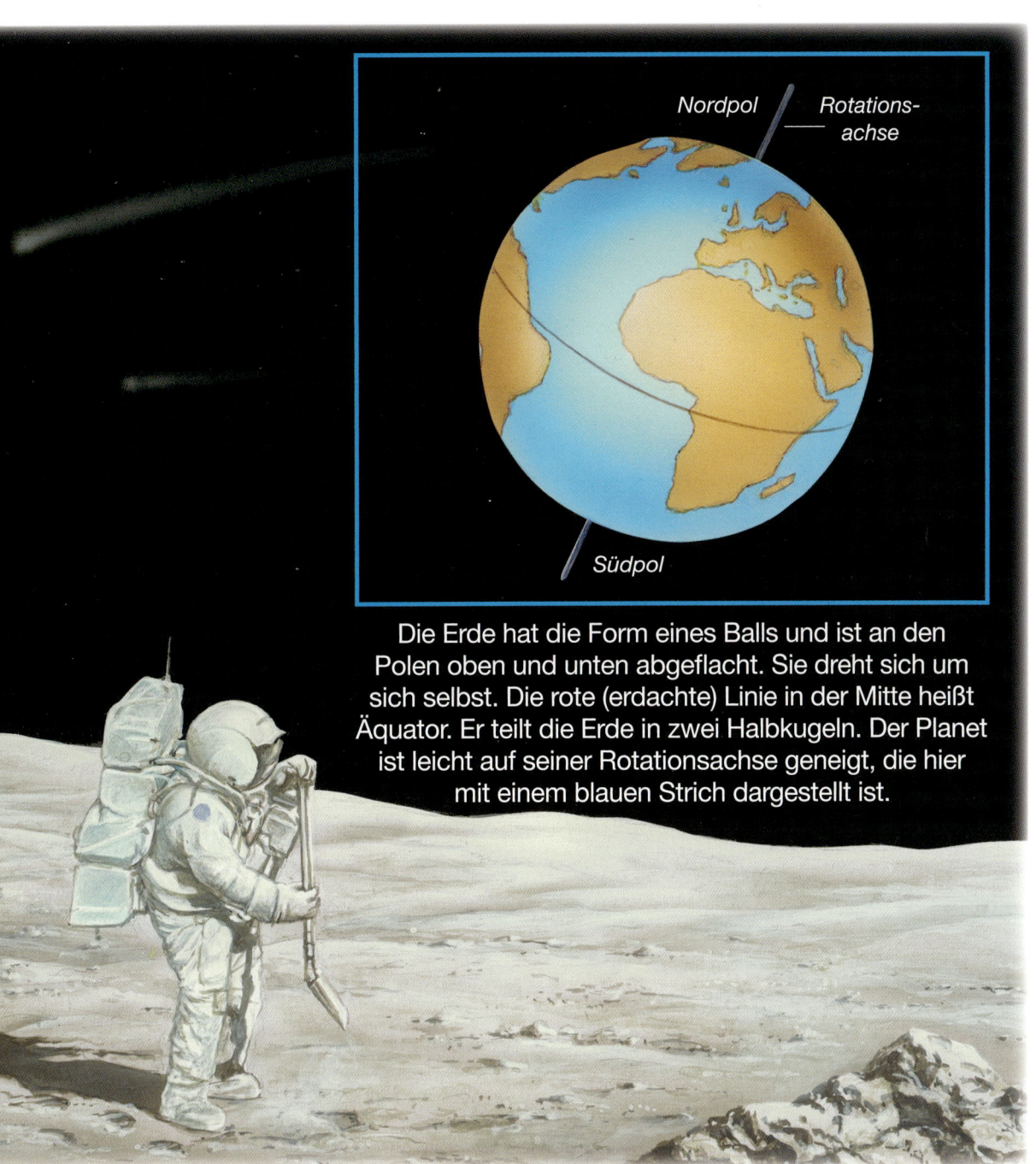

Nordpol

Rotations-
achse

Südpol

Die Erde hat die Form eines Balls und ist an den
Polen oben und unten abgeflacht. Sie dreht sich um
sich selbst. Die rote (erdachte) Linie in der Mitte heißt
Äquator. Er teilt die Erde in zwei Halbkugeln. Der Planet
ist leicht auf seiner Rotationsachse geneigt, die hier
mit einem blauen Strich dargestellt ist.

WIE GROSS IST DIE ERDE?

Will man die Erde einmal umrunden, muss man 40 000 km zurücklegen. Es fällt schwer, sich diese Entfernung vorzustellen!

Ginge man zehn Stunden am Tag, bräuchte man zwei Jahre.

Ein Auto, das am Tag zehn Stunden fährt (100 km/h): 40 Tage.

Ein Flugzeug kann die Erdumrundung in zwei Tagen schaffen.

Eine Raumfähre fliegt in 1,5 Stunden einmal um die Erde.

DIE ERDE KREIST UM DIE SONNE

Wie die anderen Planeten kreist auch die Erde um die Sonne. Für eine Umrundung braucht sie ein Jahr, also 365 oder 366 Tage.

Frühling

Winter

Sommer

Herbst

Treffen die Sonnenstrahlen senkrecht auf der Erde auf, ist es heiß: Wir haben Sommer. Wenn sie schräg auftreffen, ist es kalt, und es ist Winter.

EIN TAG

Die Erde dreht sich wie ein Kreisel um sich selbst. Für eine Drehung um sich selbst braucht sie 24 Stunden, also einen Tag.

Die Sonne strahlt die Erde an. Da die Erde sich um sich selbst dreht, wird nicht immer der gleiche Bereich der Erde beleuchtet. Auf der Seite der Erde, die zur Sonne zeigt, ist es Tag, während die andere Seite im Dunkeln liegt. So ist es zum Beispiel in New York Nacht, während in Berlin Tag ist.

Mittag

Morgen

Abend

Von der Erde aus betrachtet beschreibt die Sonne im Lauf des Tages scheinbar einen Kreis am Himmel: Sie geht im Osten auf, erreicht ihren höchsten Stand zur Mittagszeit und geht im Westen unter. Tatsächlich bewegt sich die Sonne gar nicht, nur die Erde dreht sich.

DER MOND

Der Mond ist der Himmelskörper, der der Erde am nächsten ist. Er kreist um sie und ist ihr natürlicher Satellit. Er dreht sich auch um sich selbst.

Man vermutet, dass es während der Entstehung des Sonnensystems einen Zusammenstoß zwischen der Erde und einem anderen Himmelskörper gab. Die dabei entstandenen Trümmerteile verbanden sich und bildeten nach und nach den Mond.

Die dunklen Bereiche auf der Mondoberfläche sind Ebenen, während die hellen Zonen Gebirge sind.

Der Mond hat kein eigenes Licht. Wenn er nachts am Himmel leuchtet, dann nur, weil er das Sonnenlicht reflektiert.

Von der Erde aus sieht man immer die gleiche Seite des Mondes. Man unterscheidet je nach Aussehen verschiedene Mondphasen (siehe unten).

Bei Vollmond strahlt der Mond die ganze Nacht. Bei Neumond ist er von der Erde aus kaum zu erkennen.

	Erstes Viertel		Zweites Viertel		Drittes Viertel		Letztes Viertel
Neumond		Halbmond		Vollmond		Halbmond	

DIE ZWÖLF MONATE DES JAHRES

Ein Monat hat zwischen 28 und 31 Tage. Das entspricht ungefähr der Zeit, die der Mond für eine Runde um die Erde benötigt (29,5 Tage).

In einem Jahr umkreist der Mond die Erde etwas mehr als zwölfmal. Daher unterteilte man das Jahr in zwölf Monate. In gemäßigten Breiten dauert jede der vier Jahreszeiten drei Monate. Erkennst du, wann jede Jahreszeit beginnt und endet?

AUFBAU
UND ERDOBER-
FLÄCHE

IM INNERN DER ERDE

Die Erde ähnelt einer Frucht: Ihre Schale nennt man Erdkruste, das Frucht-fleisch entspricht dem sogenannten Mantel und in der Mitte sitzt der Kern.

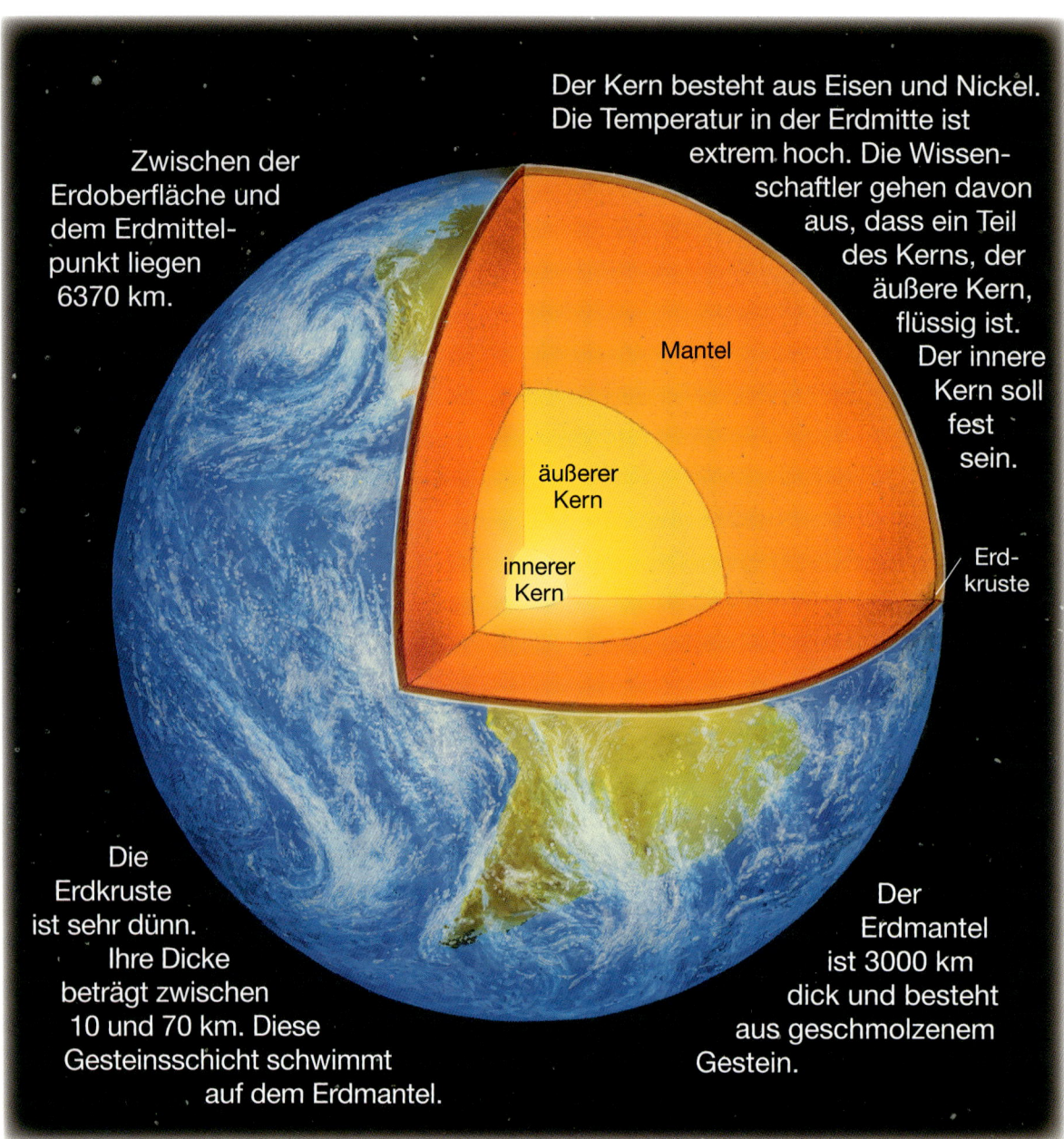

Der Kern besteht aus Eisen und Nickel. Die Temperatur in der Erdmitte ist extrem hoch. Die Wissen-schaftler gehen davon aus, dass ein Teil des Kerns, der äußere Kern, flüssig ist. Der innere Kern soll fest sein.

Zwischen der Erdoberfläche und dem Erdmittel-punkt liegen 6370 km.

Mantel

äußerer Kern

innerer Kern

Erd-kruste

Die Erdkruste ist sehr dünn. Ihre Dicke beträgt zwischen 10 und 70 km. Diese Gesteinsschicht schwimmt auf dem Erdmantel.

Der Erdmantel ist 3000 km dick und besteht aus geschmolzenem Gestein.

Bei ihrer Entstehung war die Erde eine Feuerkugel. Nach und nach kühlte die Erdoberfläche ab. Der Kern ist immer noch glühend heiß.

DIE KONTINENTE SIND IN BEWEGUNG

Die Erdkruste besteht aus Platten, auf denen die Kontinente liegen.
Die Platten verschieben sich langsam (um ca. 2,5 cm pro Jahr).

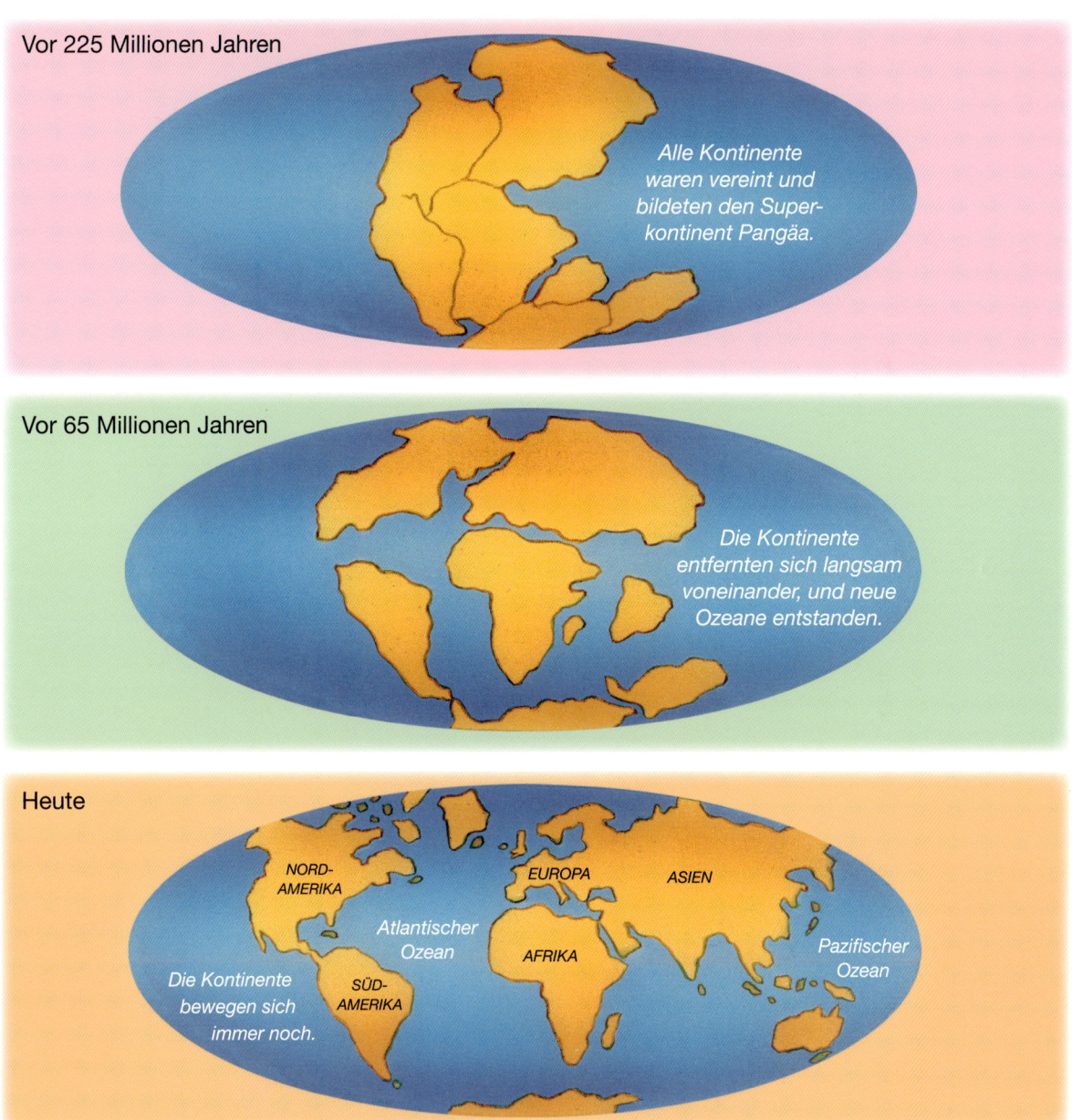

Vor 225 Millionen Jahren

Alle Kontinente waren vereint und bildeten den Superkontinent Pangäa.

Vor 65 Millionen Jahren

Die Kontinente entfernten sich langsam voneinander, und neue Ozeane entstanden.

Heute

NORD-AMERIKA

EUROPA

ASIEN

Atlantischer Ozean

AFRIKA

Pazifischer Ozean

Die Kontinente bewegen sich immer noch.

SÜD-AMERIKA

Amerika entfernt sich stetig von Europa und Afrika. In mehreren Millionen
Jahren wird der Abstand viel größer und der Atlantische Ozean breiter sein.

WIR LEBEN AUF EINEM GROSSEN PUZZLE

Die Erdkruste besteht wie ein Puzzle aus acht riesigen und mehreren kleineren Teilen. Jedes Teil entspricht einer gewaltigen Gesteinsplatte.

Zwei Platten reiben aneinander. Diese Bewegung kann an der Oberfläche sichtbar werden, wenn zum Beispiel eine große Kluft entsteht. In einer solchen Region gibt es häufig Erdbeben.

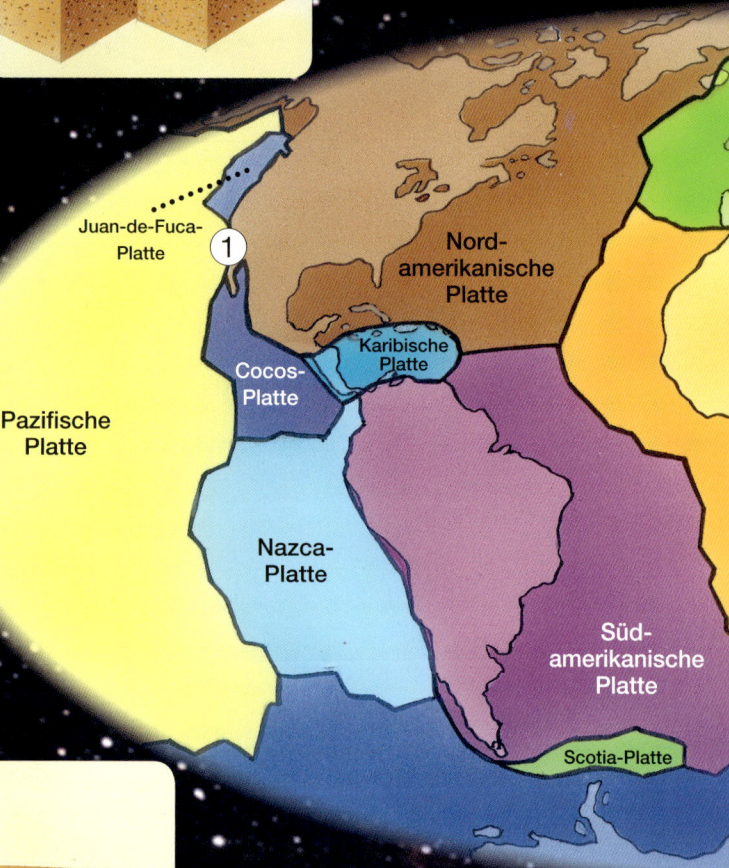

Juan-de-Fuca-Platte

① Nord-amerikanische Platte

Karibische Platte

Cocos-Platte

Pazifische Platte

Nazca-Platte

Süd-amerikanische Platte

Scotia-Platte

Kalifornien ① liegt dort, wo die pazifische auf die nord-amerikanische Platte trifft. Die beiden Platten verschieben sich in entgegengesetzter Richtung: Die pazifische driftet nach Norden, die nordamerikanische nach Süden. Unten sieht man die 1300 km lange San-Andreas-Verwerfung, das sicht-bare Zeichen dieser Verschiebung.

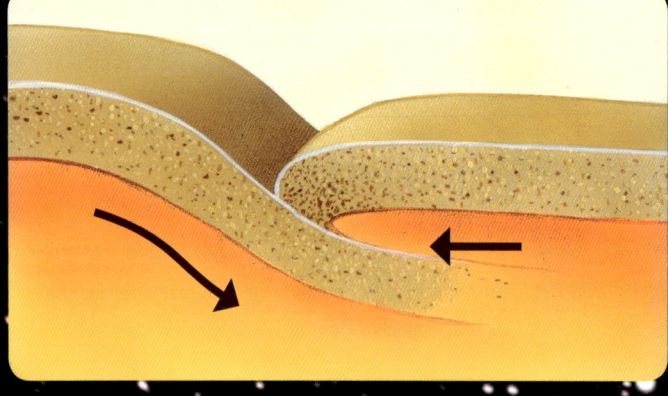

Wenn zwei Platten aufeinanderstoßen, kommt es vor, dass die schwerere Platte unter die leichtere abtaucht. Dabei können neue Gebirge entstehen. Dies war zum Beispiel bei einigen Gipfeln in den südamerikanischen Anden der Fall. Auch in Japan ② geschieht dies, denn in dieser Region treffen gleich mehrere Platten aufeinander. Hier bebt häufig die Erde.

Die Platten schwimmen auf dem Erdmantel. Wenn sie aufeinanderstoßen, sich überlagern oder aneinanderreiben, sind ihre Bewegungen die Ursache für Erdbeben, die Bildung neuer Gebirge oder die Entstehung von Vulkanen.

Wenn zwei Platten sich voneinander entfernen, bildet sich ein Rift (ein Graben).

Am Grund der Ozeane tritt geschmolzenes Gestein, das Magma, aus den Tiefen der Erde aus und füllt das Rift. Es bildet sich ein untermeerischer Gebirgszug, ein sogenannter Rücken. Die oben abgebildete Vulkaninsel Surtsey liegt südlich von Island. Sie liegt auf dem mittelatlantischen Rücken, der durch den Atlantischen Ozean verläuft, und ragt seit 1963 aus dem Meer.

Manchmal stoßen zwei Kontinentalplatten mit ziemlich ähnlicher Dichte aufeinander. Das Gestein wird aufgeworfen, und es bilden sich neue Gebirgszüge. Die Alpen und der Himalaja entstanden auf diese Weise.

Eurasische Platte

Arabische Platte

Indische Platte

Philippinische Platte

Afrikanische Platte

Pazifische Platte

Australische Platte

Antarktische Platte

Rift

2

WENN DIE ERDE BEBT

Bei starken Erdbeben können Häuser einstürzen, Brücken brechen zusammen, und Menschen werden unter Trümmern begraben.

Heute werden in vielen Ländern wie zum Beispiel Japan erdbebensichere Gebäude gebaut, die den Erschütterungen trotzen können.

ALS INDIEN AUF ASIEN TRAF

Heute gehört Indien zu Asien. Doch vor 135 Millionen Jahren war Indien noch ein eigenständiger Kontinent.

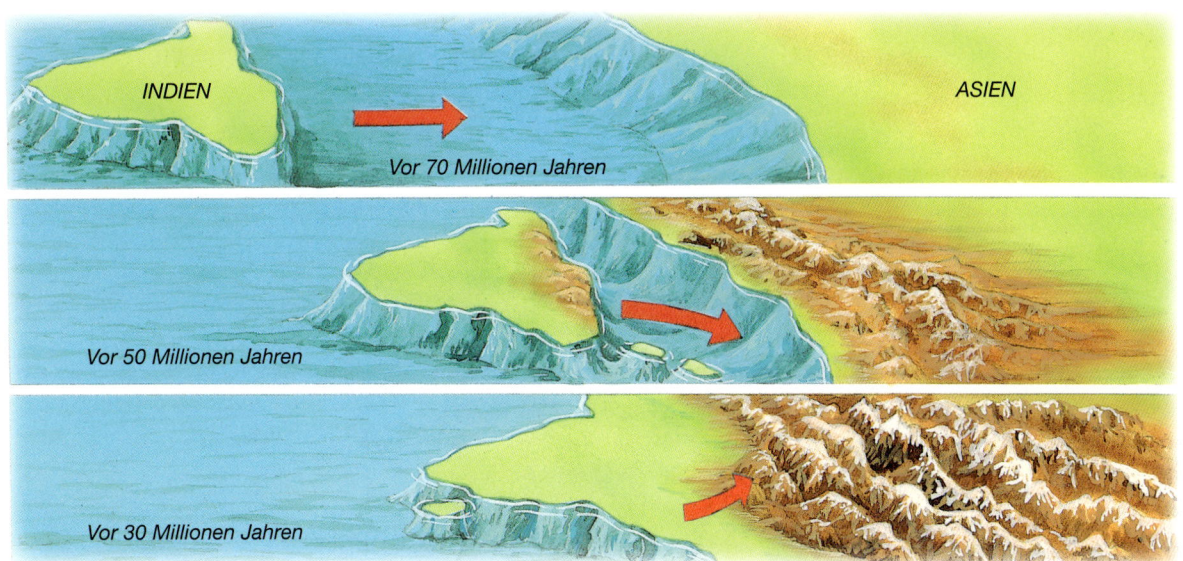

INDIEN

ASIEN

Vor 70 Millionen Jahren

Vor 50 Millionen Jahren

Vor 30 Millionen Jahren

Vor 70 Millionen Jahren lag Indien auf einer eigenen Kontinentalplatte weit im Süden Asiens und bewegte sich langsam Richtung Norden.

Vor 30 bis 35 Millionen Jahren traf die indische Platte auf den asiatischen Kontinent. Beim Aufprall wurde der Himalaja aufgeworfen.

DAS DACH DER WELT

Der Mount Everest ist der höchste Berg der Erde. Er liegt im Himalajagebirge an der Grenze zwischen Nepal und Tibet.

Am 29. Mai 1953 erreichten Edmund Hillary und der Sherpa Tenzing Norgay als Erste den Gipfel des Mount Everest in 8848 m Höhe.

Früher verehrten die Menschen die Berge als Wohnstätten der Götter. Die Tibeter nennen den Everest *Chomolungma,* was „Göttinmutter der Welt" bedeutet.

JUNGE UND ALTE GEBIRGE

Wenn die Berggipfel spitz, schroff und hoch aufragend sind, handelt es sich um ein junges Gebirge. Sind sie abgerundet, ist das Gebirge alt.

Die jungen Gebirge wachsen in jedem Jahrhundert um einige Millimeter. Ihre Gipfel sind sehr hoch, und ihre Hänge sind steil.

Die alten Gebirge sind abgeflacht. Ihre Gipfel wurden mit der Zeit von Schnee, Regen, Wind und Frost abgetragen.

TIEFEBENEN UND HOCHEBENEN

Tief- und Hochebenen sind weit ausgedehnte, flache Regionen. Sie werden für den Anbau von Nutzpflanzen und für Viehzucht genutzt.

In den Ebenen im Tiefland werden Weizen und andere Getreidesorten wie Mais, Gerste oder Roggen angebaut.

Die argentinische Pampa in Südamerika ist eine sehr weitläufige Ebene. Hier wird überwiegend Viehzucht betrieben.

Hochebenen sind in der Höhe liegende Ebenen, die von Tälern durchzogen sind. In den Hochebenen der Anden züchten die Peruaner Lamas.

EIN VULKAN BRICHT AUS

Bei den extrem hohen Temperaturen im Innern der Erde schmilzt das Gestein. Es vermischt sich mit Gasen: So entsteht Magma.

Asche- und Gaswolken

Am Gipfel des Vulkans tritt Magma aus einer Öffnung aus: dem Krater.

Lava kann flüssig oder auch zähfließend sein. Sie ist heiß und glüht rot. Nach dem Erkalten ist sie grau oder schwarz.

Sobald das Magma aus dem Krater austritt, nennt man es Lava.

Das Magma steigt im Kamin des Vulkans nach oben.

Vor einem Vulkanausbruch kommt es häufig zu Beben, und Gase entweichen aus dem Krater. Die Lava verbrennt alles auf ihrem Weg.

FEUER SPEIENDE BERGE

Die Erde beherbergt über 10 000 Vulkane, doch nur einige Hundert von ihnen sind noch aktiv. Es gibt mehrere Arten von Vulkanausbrüchen.

Der Stromboli in Italien wirft die Lava in Fontänen aus.

Der Eyjafjallajökull in Island stieß 2010 eine Aschewolke aus.

Der Stromboli und der Ätna in Italien (links) sowie der Kilauea auf Hawaii (rechts) zählen zu den aktivsten Vulkanen der Erde.

VULKANAUSBRÜCHE UND IHRE FOLGEN

Die Gefahren bei Vulkanausbrüchen sind unterschiedlich groß.
Manche Ausbrüche haben schwere Schäden zur Folge.

Vulkane, die explosiv ausbrechen und riesige Aschewolken auswerfen, sind am gefährlichsten. Gas, Gestein und Lava können sich extrem schnell (mit bis zu 250 km/h) die Hänge hinabwälzen. Solche Ströme zerstören alles auf ihrem Weg.

Die glühend heiße Asche aus dem Krater kann sich mit Regenwasser oder Eis vermischen, das manchmal auf dem Vulkankegel liegt. So entsteht eine Schlamm-lawine, die alles mitreißt: Felsbrocken, Baumstämme und ganze Städte.

Vulkanologen sind Wissenschaftler, die Vulkane und ihre Aktivität beobachten, damit solche Katastrophen vermieden werden. Bei Anzeichen für einen Ausbruch wird manchmal die Bevölkerung evakuiert.

Lavaströme sind recht langsam, begraben jedoch die komplette Pflanzenwelt unter sich. Die Tiere finden kein Futter mehr und verhungern.

Eine solche Riesenwelle heißt Tsunami.

Nach einem Ausbruch kann sich das Klima verändern. Manchmal sinken die Temperaturen, und es schneit im Sommer.

Ein Vulkanausbruch im Meer kann eine Riesenwelle mit großer Zerstörungskraft auslösen.

LANDSCHAFTEN UND BODEN-SCHÄTZE

LANDSCHAFTEN EUROPAS

Überall auf der Welt hat die Natur einzigartige Landschaften gestaltet.
Die kleine Reise beginnt in Europa…

Gewaltige Bergmassive wie die Alpen
lassen uns staunen. Der Montblanc
ist 4810 m hoch.

An der Mittelmeerküste gibt es
viele Steilküsten mit wunderschönen,
abgelegenen Buchten.

Island besitzt herrliche Wasserfälle.
Der Fjallfoss ist der größte und einer
der schönsten Wasserfälle.

Eindrucksvoll sind die weißen Kreide-
felsen an den Küsten des Ärmelkanals
wie die Seven Sisters in England.

LANDSCHAFTEN AFRIKAS

Afrika ist der heißeste Kontinent des Planeten. Weitläufige Savannen und Graslandschaften grenzen an die größte Wüste der Welt: die Sahara.

In der Savanne erhebt sich das Kilimandscharo-Massiv. Der höchste Gipfel der Vulkankette liegt in 5895 m Höhe.

Das Niltal in Ägypten ist eine fruchtbare Oase. Es schlängelt sich mitten durch die Wüste.

Im Herzen der Sahara liegt das Ahaggar, ein Bergmassiv mit bizarren Felsen vulkanischen Ursprungs.

Die Wüste Namib im Süden des afrikanischen Kontinents zählt zu den trockensten Wüsten der Erde.

LANDSCHAFTEN OZEANIENS

Zu Ozeanien gehören 30 000 Inseln, die in einem kleinen Teil des Pazifiks verstreut liegen, darunter auch Australien, Neuseeland und Neuguinea.

Mitten im australischen Flachland erhebt sich der 350 m hohe Sandsteinfelsen Ayers Rock. Er wird auch Uluru genannt.

Die Inseln Ozeaniens besitzen traumhafte Sandstrände und tiefe Lagunen mit türkisfarbenem Wasser.

In Neuseeland erhebt sich eine Bergkette, zu der 17 Dreitausender-Gipfel gehören.

An den Küsten in Ozeanien wachsen Mangrovenwälder. Die Bäume haben sichtbare Stelzwurzeln.

LANDSCHAFTEN ASIENS

Der größte Kontinent der Erde bietet eine große Vielfalt an Landschaften. Hier liegt auch der Himalaja, das höchste Gebirge der Welt.

Nach dem Mount Everest ist der K2 mit einer Höhe von 8611 m der höchste Gipfel der Welt.

Der Fujiyama in Japan ist ein schlafender Vulkan. Für die Japaner ist er ein heiliger Berg.

Die Halong-Bucht in Vietnam ist fast immer in Nebel getaucht und wirkt dadurch wie verzaubert.

Diese mit weißem Kalk überzogenen Terrassen liegen in der Türkei. Warmes Quellwasser fließt ständig hinab.

LANDSCHAFTEN NORDAMERIKAS

Der riesige Kontinent ist Heimat grandioser Landschaften: traumhafte Seen, hohe Gebirge, Wüsten, Canyons, Wasserfälle und mehr.

Diese heiße Quelle liegt im Yellowstone-Nationalpark. Algen und Bakterien sorgen für die interessante Färbung.

Der Grand Canyon ist 450 km lang und an manchen Stellen 1800 m tief. Der Colorado grub die Schlucht in den Fels.

Die Niagarafälle an der Grenze zwischen Kanada und den USA haben die Form eines Hufeisens.

Die Rocky Mountains reichen von Alaska bis nach Mexiko. An den Hängen wachsen Kiefern und Ahornbäume.

LANDSCHAFTEN SÜDAMERIKAS

Südamerika erstreckt sich vom Äquator bis zur Antarktis. Daher besitzt der Kontinent viele verschiedene Landschaften und Klimata.

Die Iguazú-Wasserfälle befinden sich an der Grenze zwischen Brasilien, Paraguay und Argentinien.

Die Atacamawüste in Chile gehört zu den trockensten Wüsten der Welt. Es regnet hier fast nie.

Der Titicacasee mit seinem eisigen Wasser liegt in den Anden auf fast 4000 m Höhe.

Der Gletscher Perito Moreno im Süden der Anden besitzt die stattliche Höhe von 60 m und eine Länge von 30 km.

DIE WÜSTEN

In Wüstenregionen regnet es nur sehr selten, und es gibt kaum Pflanzen. Nur wenige Tiere können in einer solchen Umwelt überleben.

Die Mojave-Wüste in den USA ist sehr steinig. Hier wächst die Josua-Palmlilie. Der sehr große Baum kann bis zu 200 Jahre alt werden.

Im Norden des Himalaja erstreckt sich die höchstgelegene Wüste der Welt: das Hochland von Changtang. Im Winter kann es hier − 40 °C kalt werden.

Der Wind wirbelt den Sand der Wüste auf. Er lagert sich an Felsen ab. Auf diese Weise entstehen Dünen, die teilweise sehr hoch sind.

WAS IST EINE OASE?

Eine Oase ist eine Wasserstelle in der Wüste. Hier wachsen Bäume, und Menschen und Tiere können sich erfrischen und den Durst löschen.

Die Menschen legen ein Kanalsystem an, mit dessen Hilfe sie Gärten bewässern und Dattelpalmen, Gemüse und Getreide anbauen können. Dank Wärme und Wasser wachsen die Pflanzen sehr schnell.

DIE KÜSTEN

Wenn das Meer auf Land trifft, entstehen viele verschiedene Küsten-formen. Es gibt Sandstrände, Klippen, Steilküsten und vieles mehr.

Diese treppenförmigen Säulen bestehen aus Vulkangestein: Die heiße Lava wurde von den Wellen abgekühlt.

Fjorde sind ehemalige Gletschertäler, die vom Meer überspült wurden. In Norwegen gibt es sehr viele Fjorde.

In der Nähe der Klippen findet man häufig Kiesstrände. Die Steine wurden von den Wellen glatt geschliffen.

Hinter den Sandküsten bilden sich Dünen, zu denen der Wind den Sand trägt. Man befestigt sie mit Pflanzen.

DIE INSELN

Es gibt Abertausende von Inseln. Einige Inseln wurden durch das Meer vom Kontinent getrennt, andere Inseln entstanden durch Vulkane.

Das Meer, das an die Küste brandet, nimmt nach und nach den Sand mit und gräbt sich in die weichen Gesteine. Das Land, das dem Meer widersteht, wird vom Wasser umspült und bildet eine Insel. Die größten Inseln der Welt sind Australien, Grönland und Neuguinea.

Eine Halbinsel ist eine Landzunge, die an einer schmalen Stelle noch mit dem Festland verbunden, ansonsten jedoch von Wasser umgeben ist.

Im Pazifischen Ozean durchbrachen einige Vulkane die Wasseroberfläche. So entstanden die Galapagosinseln. Auf diesen Inseln leben Meerechsen, Riesenschildkröten und zahlreiche Vögel. Die Inselgruppe ist ein Paradies für Tiere.

SALZWIESEN UND POLDER

In manchen Küstengebieten gewannen die Menschen Land zurück, das zuvor von Meer bedeckt war, und betreiben dort Landwirtschaft.

In Mündungsgebieten wird manchmal so viel Schlamm angeschwemmt, dass das Erdreich schließlich über dem Meeresspiegel liegt. Hier können sich erste Pflanzen ansiedeln und Salzwiesen bilden. Die Menschen lassen dort Schafherden weiden.

In den Niederlanden und in Belgien baute man Dämme zur Landgewinnung. Hinter den Dämmen wird das Wasser abgepumpt. Die Felder, die auf diese Weise entstehen, nennt man Polder oder Koog. Sie liegen unterhalb des Meeresspiegels.

LANDSCHAFTEN AM MEERESGRUND

Auch am Meeresgrund befinden sich sehr vielfältige Landschaften.
Es gibt Ebenen, Berge, Vulkane und tiefe Gräben.

Festland

Tiefsee-Ebene

Graben

*Das Magma, auf dem die
Erdkruste aufliegt, dringt manchmal über eine Spalte nach oben
und erhärtet beim Kontakt mit
dem Wasser. Ein Vulkan entsteht.*

Die Kontinentalplatten reichen teilweise weit in das Meer hinein. Der
Meeresboden fällt mehr oder weniger steil ab bis zur Tiefsee-Ebene.

Im Meer gibt es viele Höhlen, in denen prächtige Fische leben.
Diese Höhlen sind ein Paradies für erfahrene Taucher.

IN DER TIEFSEE

Je tiefer man taucht, umso dunkler und kälter wird es. Einige Tiere können jedoch unter den extremen Bedingungen in der Tiefsee leben.

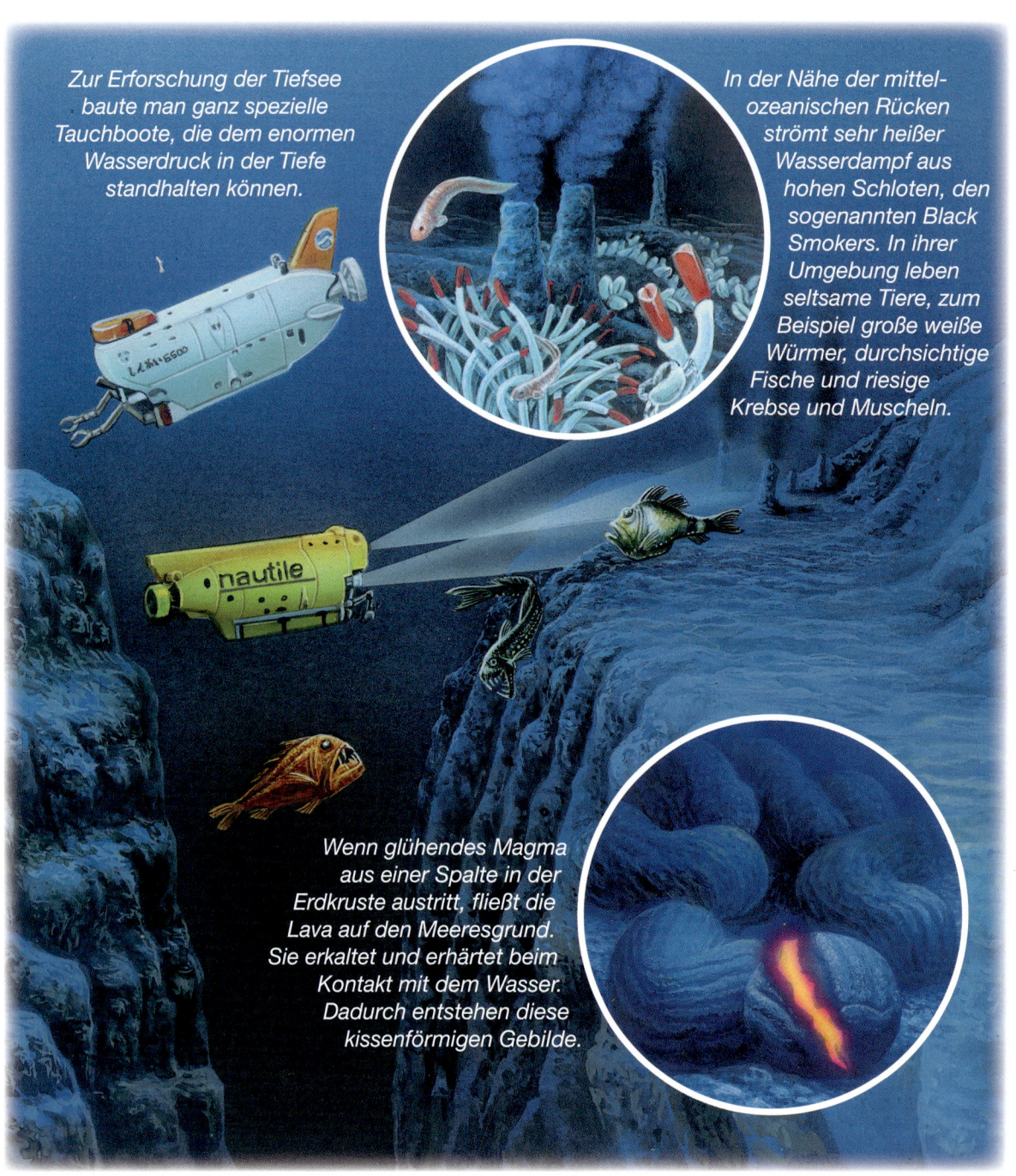

Zur Erforschung der Tiefsee baute man ganz spezielle Tauchboote, die dem enormen Wasserdruck in der Tiefe standhalten können.

In der Nähe der mittelozeanischen Rücken strömt sehr heißer Wasserdampf aus hohen Schloten, den sogenannten Black Smokers. In ihrer Umgebung leben seltsame Tiere, zum Beispiel große weiße Würmer, durchsichtige Fische und riesige Krebse und Muscheln.

Wenn glühendes Magma aus einer Spalte in der Erdkruste austritt, fließt die Lava auf den Meeresgrund. Sie erkaltet und erhärtet beim Kontakt mit dem Wasser. Dadurch entstehen diese kissenförmigen Gebilde.

EROSION

Wasser, Wind und Frost tragen nach und nach das Gestein ab. Diesen Vorgang nennt man Erosion. Durch sie werden die Landschaften verändert.

Jeden Tag branden die Wellen gegen die Klippen und lösen Gesteinsbrocken heraus, die ins Meer gespült werden. Die Wellen können auch Bögen oder Höhlen entstehen lassen. Kleinere Steinbrocken werden zu glatten Kieseln rundgeschliffen.

Im Südwesten von Nordamerika gräbt der große Fluss Colorado River seit Jahrtausenden sein Flussbett in das Gestein. Er fließt inzwischen tief unten am Grund eines Canyons. Die tiefe Schlucht ist von einzigartiger Schönheit.

WASSER UND WIND ALS BAUMEISTER

Das Wasser zersetzt das weiche Gestein oder es bearbeitet härteres Gestein. Der Wind trägt die Sandkörner fort oder schleift das Gestein.

Sanddünen, Sahara

Feenkamine, Türkei

Canyon in Utah, USA

Überall auf der Welt haben diese beiden Elemente
natürliche Bauwerke von außergewöhnlicher Schönheit hinterlassen.
Wahre Kunstwerke der Natur!

Antelope Canyon,
USA

Höhle Aven Armand,
Frankreich

Pinnacle Wüste, Australien

Weiße Wüste, Ägypten

WOHER KOMMT DER SAND?

Sandkörner sind Trümmerstücke von Felsen, die nach einer langen Reise immer kleiner wurden.

Auf dem Gipfel der Berge dringt Regenwasser in das Gestein und sprengt es, sodass kleinere Brocken entstehen. Die Trümmerteile werden von den Flüssen bis ins Meer getragen. Im Wasser werden sie abgenutzt und geschliffen, bis sie zunächst Kiesel und später Sandkörner sind.

An den Küsten der Vulkaninseln ist der Sand grau oder schwarz.

An den Korallenstränden ist der Sand ganz weiß und kann sehr fein sein.

Der Sand, der vom Meer an den Strand gespült wird, ist ständig in Bewegung. Wellen, Strömungen und Wind tragen ihn fort.

Der Sand am Strand und in der Wüste stammt von Gesteinsbrocken, die durch Wind, Wasser und Frost zersetzt, abgenutzt und geschliffen wurden. Die Körner unterscheiden sich in Größe und Farbe.

Die Sahara sieht nicht überall gleich aus. Fast die gesamte Oberfläche (90 %) ist von Kies und Geröll bedeckt, dem sogenannten Reg ①. Die Sanddünen, die man im Rest der Wüstenoberfläche sieht, entstanden durch die Erosion des Reg. Vor allem durch die großen Temperaturunterschiede zwischen Tag und Nacht nutzen sich die Steine schnell ab und werden zu Sandkörnern zersetzt. Der Wind trägt sie fort und lagert sie an Dünen ② ab, die sich ihrerseits auftürmen und ein Sandmeer ③ bilden, das Hunderte von Kilometer weit reichen kann.

Die Farbe des Sandes ist abhängig von dem Gestein, aus dem er stammt: Bei Vulkaninseln ist der Strand rot, grau oder schwarz, bei Stränden an Korallenriffen ist er weiß, hellrosa oder grün, denn er entstand durch die Erosion von Korallen.

GESCHICHTE EINES GLETSCHERTALS

Im Gebirge graben die Gletscher Täler in den Fels. Auf diesen Bildern kann man sehen, wie sie entstehen.

Dieser Gebirgsbach grub ein schmales V-förmiges Tal.

Als das Klima kälter wurde, bildete sich ein Gletscher in dem Tal.

Millionen Jahre später erwärmte die Erde sich nach und nach wieder, und ein Teil des Gletschers schmolz. Bei der Schmelze wurden wiederum Felsbrocken aus dem Gestein gerissen. Es bildeten sich Seen. Das Tal wurde breiter und ist nun U-förmig.

KOHLE

Kohle wird in vielen Ländern auch heute noch zum Heizen, zur Stromerzeugung und sogar zur Herstellung von Benzin verwendet.

Steinkohle

Vor sehr langer Zeit wurden riesige Wälder unter Wasser begraben. Nach und nach zersetzten sich die Pflanzen zu einem dicken Schlamm, der unter vielen Schichten Gestein begraben wurde. Mit der Zeit verwandelte er sich in Kohle.

In den Bergwerken wird die Kohle mit gewaltigen Maschinen abgebaut. Die Schrämmaschinen schlagen große Stücke aus dem Fels.

ERDÖL

Erdöl ist ein natürlicher Energieträger, der zur Herstellung von Benzin und Treibstoff, aber auch zum Bau von Straßen und zum Heizen genutzt wird.

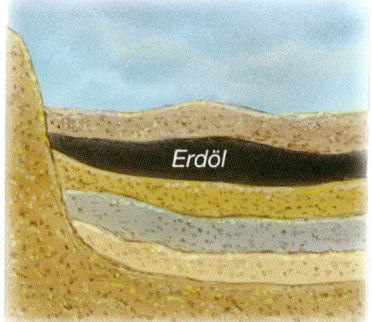
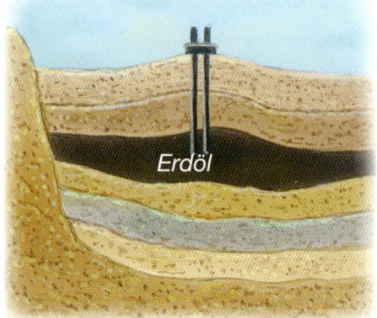

Plankton besteht aus winzig kleinen Tieren und Pflanzen, die in den Ozeanen leben. Wenn diese Organismen absterben, zersetzen sie sich – aber nicht vollständig, sie werden zu Schlamm. Wird der Schlamm unter vielen Schichten Gestein begraben, entsteht Erdöl. Erdgas bildet sich auf die gleiche Weise.

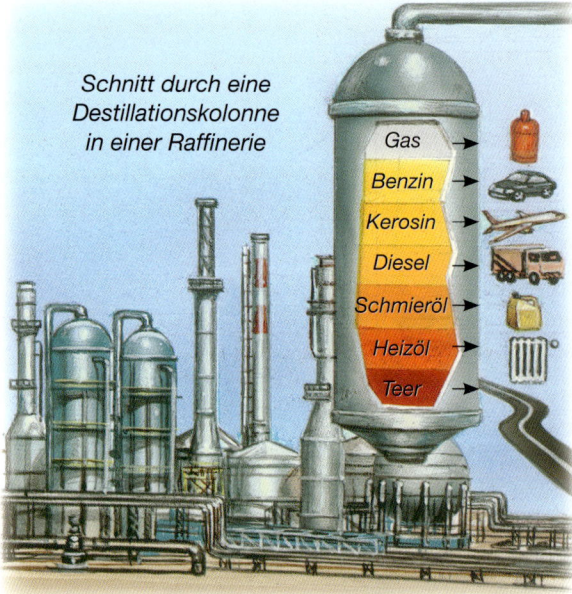

Für die Erdölgewinnung bohrt man zum Teil mehrere Tausend Kilometer tief in den Boden und zieht das Öl mit Pferdekopfpumpen nach oben. Rohöl ist ein Gemisch aus verschiedenen Bestandteilen (Gasen, Ölen usw.). Das Rohöl aus dem Bohrloch wird in eine Raffinerie gebracht. Dort werden die einzelnen Bestandteile voneinander getrennt und zur Herstellung verschiedener Produkte weiterverwendet.

TAGEBAU

Erze und Rohstoffe, die dicht unter der Oberfläche lagern,
werden im sogenannten Tagebau abgebaut.

Riesige Schaufelbagger graben sich in diesem Bergwerk in den Boden
und bauen das hier lagernde Kupfer ab. Das abgebaute Erz wird mit gewaltigen
Lastwagen wegtransportiert und anschießend weiterverarbeitet.

ERDWÄRME

Diese Energieform nutzt die Wärme im Innern der Erde. Sie wird vor allem in Vulkanregionen genutzt, die dicht über Magmakammern liegen.

Mit Erdwärme wird in Kraftwerken Strom erzeugt oder sie dient zum Beheizen von Häusern, Gebäuden oder Schwimmbädern. Für diesen Zweck werden Bohrungen im Boden vorgenommen, sodass heißes Wasser in Form von Wasserdampf hochsteigt.

In Island wird diese Energieform stark genutzt. Die Einwohner können in natürlichem Warmwasser baden.

Die Gehwege und Straßen werden ebenfalls mit Erdwärme geheizt. Dadurch sind sie im Winter schnee- und eisfrei.

GESTEINSARTEN

Das in Bergwerken abgebaute Gestein wird vielseitig verwendet.
Viele Gesteinsarten werden beim Bau von Gebäuden eingesetzt.

MAGMATISCHES GESTEIN

SEDIMENTGESTEIN

METAMORPHES GESTEIN

Basalt

Granit

Sandstein

Lehm

Kalkstein

Kreide

Marmor

Schiefer

Gneis

Man unterscheidet magmatisches Gestein aus erstarrtem Magma, Sedimentgestein, das sich aus anderen zersetzten Gesteinen bildete, und metamorphes Gestein, das durch Umwandlung von magmatischem oder Sedimentgestein entstand.

Berggipfel sind nicht selten aus Granit. Es ist ein sehr hartes Gestein, das gern beim Hausbau eingesetzt wird.

Die Klippen von Étretat in der Normandie bestehen aus weißer Kreide. Kreide gehört zu den Kalksteinen.

Im Gestein eingeschlossen kann man Edelsteine finden. Die herrlichen Kristalle mit regelmäßigen Formen gibt es in allen Farben und Formen. Das Edelmetall Gold ist bei der Schmuckherstellung sehr beliebt.

Schiefer lässt sich leicht teilen und zuschneiden. Viele Dächer sind mit Schiefer gedeckt, da er wasserundurchlässig ist.

Aus Marmor wurden viele schöne Statuen gefertigt und zahlreiche antike Tempel gebaut.

Diamant

Smaragd

Gold

Rubin

Saphir

Gold und Edelsteine werden zu Schmuck verarbeitet. Der Diamant ist so hart, dass er auch für die Herstellung von Schneidwerkzeugen verwendet wird.

WETTER UND KLIMA

DIE LUFT

Eine große Lufthülle, die etwa 700 km hoch ist, umgibt unseren Planeten. Man nennt sie Atmosphäre. Sie ermöglicht das Leben auf der Erde.

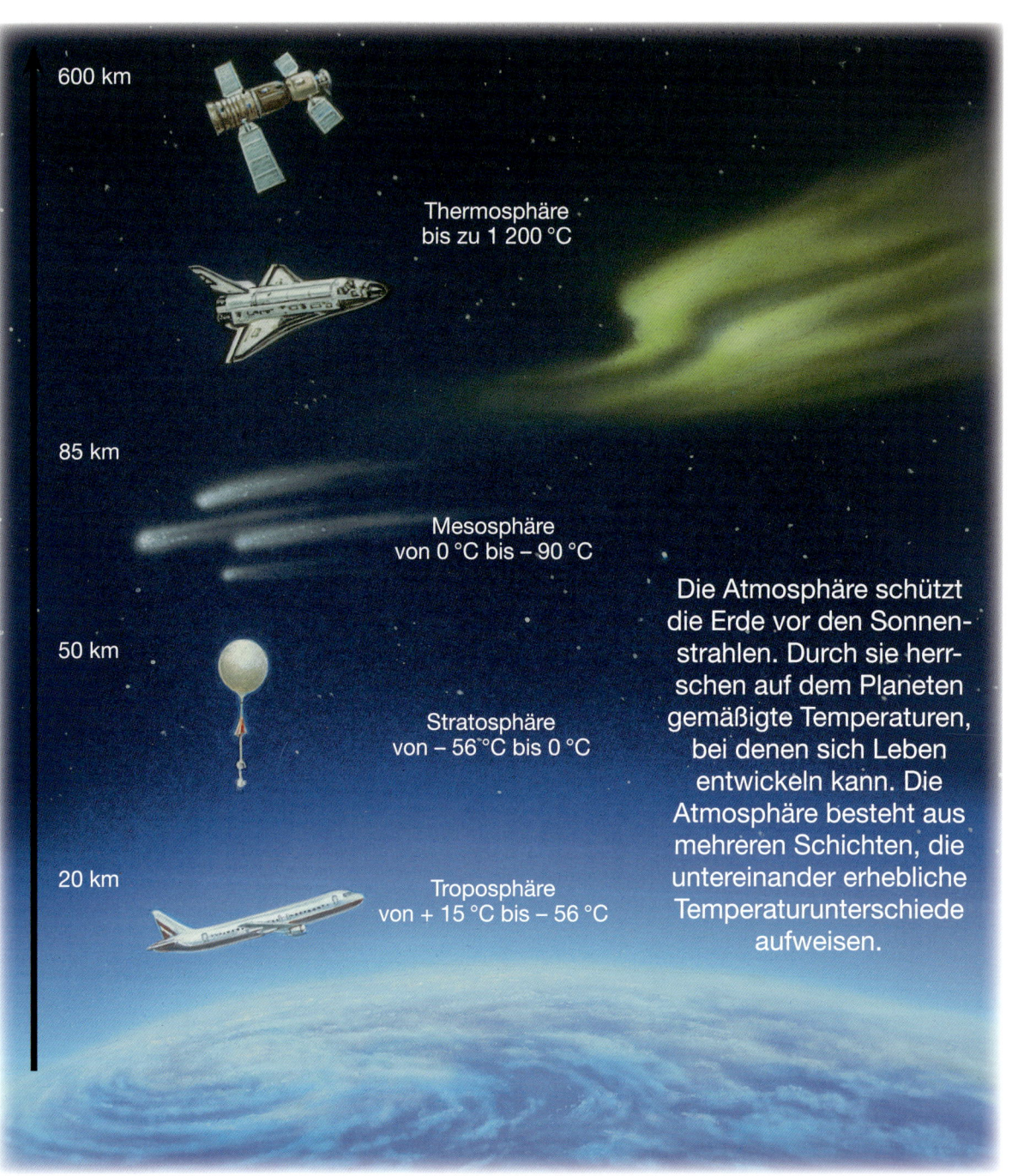

600 km

Thermosphäre
bis zu 1 200 °C

85 km

Mesosphäre
von 0 °C bis – 90 °C

Die Atmosphäre schützt die Erde vor den Sonnenstrahlen. Durch sie herrschen auf dem Planeten gemäßigte Temperaturen, bei denen sich Leben entwickeln kann. Die Atmosphäre besteht aus mehreren Schichten, die untereinander erhebliche Temperaturunterschiede aufweisen.

50 km

Stratosphäre
von – 56 °C bis 0 °C

20 km

Troposphäre
von + 15 °C bis – 56 °C

DER WASSERKREISLAUF

Wasser verdampft bei Wärme von der Oberfläche der Ozeane, fällt als Regen oder Schnee auf die Erde zurück und fließt wieder ins Meer.

flüssig   fest   gasförmig

Wasser hat verschiedene Zustände.

Das Wasser, das im Boden versickert, wird zum großen Teil von den Wurzeln der Pflanzen aufgesogen. Der Rest kommt über Quellen wieder an die Oberfläche oder fließt direkt zurück ins Meer.

DAS WETTER

Millionen Tonnen Wasser, die in den Wolken gespeichert sind, fallen in Form von Regen, Schnee oder Hagel auf die Erde.

Eine Wolke besteht aus vielen winzigen Wassertröpfchen, die sich berühren, sich vereinigen, schwerer werden und als Regen auf die Erde fallen.

Wenn es sehr kalt ist, verwandeln sich die Wassertropfen in den Wolken in kleine Eiskristalle. Sie verbinden sich zu weißen Schneeflocken, und auf der Erde schneit es.

Manchmal verkleben kleine Eiskristalle bei kalter Luft zu richtigen Eiskugeln unterschiedlicher Größe. So entsteht Hagel, der teilweise großen Schaden anrichten kann.

Die Farbe des Himmels verändert sich je nach Wolkenart. Im Sommer ist der Himmel oft blau, doch vor einem Gewitter kann er ganz schwarz werden.

Nebel ist eine Art riesige Wolke, die über dem Land oder dem Wasser liegt. Er entsteht, wenn feuchte Luft kalt wird.

Nach einem heißen Tag ist die Luft wie aufgeladen. In den Wolken bewegen sich die Wassertropfen ständig auf und ab und laden sich dabei mit Elektrizität auf. Ein Gewitter bricht los.

Wenn die Sonnenstrahlen durch einen Vorhang aus Regentropfen scheinen, zerfällt ihr Licht in die sieben Farben Rot, Orange, Gelb, Grün, Blau, Indigo und Violett. Sie bilden einen Regenbogen.

STÜRME

Wenn leichtere warme Luft auf schwerere kalte Luft trifft, entstehen Luftströme, also Wind. Manchmal kann der Wind sehr stark sein.

Bei einem Sturm türmen sich die Wellen hoch auf und branden mit voller Wucht gegen die Küsten.

Ein Blizzard ist ein starker Schneesturm mit heftigen Schneefällen und Winden mit mindestens 40 km/h.

In den Wüsten wirbeln heftige Stürme manchmal gewaltige Sandwolken auf. Die Luft kann man dann kaum noch atmen.

Der Mistral ist ein heftiger Wind, der im Mittelmeerraum mit über 100 km/h blasen kann. Er ist kalt und trocken.

Am Ende des Sommers entstehen in tropischen Regionen Zyklone über den Meeren, wenn die Wassertemperatur 26 °C übersteigt. Die heftigen Sturmböen werden häufig von starken Regengüssen begleitet.

Auge des Zyklons

Vom Himmel aus sieht ein Zyklon wie eine große Wolke aus, in deren Mitte (dem Auge des Zyklons) es weder Wind noch Regen gibt. Darum herum türmen sich Wände mit Regenwolken auf, in denen Winde mit über 300 km/h toben.

Ein Tornado ist ein heftiger Wirbelsturm, der sich kreiselartig fortbewegt. Er saugt alles an, was ihm in den Weg kommt. Die Winde im Innern der Wolke erreichen schwindelerregende Geschwindigkeiten von über 500 km/h.

DIE JAHRESZEITEN

Als Jahreszeit bezeichnet man einen Zeitraum im Jahr, in dem das Wetter in etwa gleich ist und die Temperaturen nicht stark abweichen.

Es ist Mittag am Nordpol im Winter.

Es ist Mitternacht am Südpol im Sommer.

In der Umgebung der Pole gibt es nur zwei Jahreszeiten: Sommer und Winter. Jede Jahreszeit dauert sechs Monate. In der Arktis und der Antarktis erscheint die Sonne im Winter nicht am Horizont. Im Sommer dagegen geht die Sonne abends nicht unter.

Zu beiden Seiten des Äquators liegen die Tropen. Auch hier gibt es nur zwei Jahreszeiten: eine Trockenzeit, in der es nicht oder nur wenig regnet, und eine Regenzeit, in der es fast täglich viel regnet.

Die Jahreszeiten haben je nach Landschaft und Höhe sehr unterschiedliche Merkmale. Die Gegenwart eines Hügels, eines Ozeans oder eines Berges hat Einfluss auf die Temperaturen und die Niederschläge.

Am Äquator gibt es keine Jahreszeiten, da die Sonnenstrahlen senkrecht auf dieser Region auftreffen. An jedem Tag des Jahres ist es heiß, und es regnet. Eine üppige Pflanzenwelt kann hier wachsen.

Im Gebirge unterscheiden sich die Jahreszeiten, auch in gemäßigten Breiten, sehr stark. Der Winter ist lang und hart, der Sommer sehr heiß.

Die gemäßigten Breiten liegen in der Mitte zwischen einem Pol und dem Äquator. In diesen Regionen ist es weder sehr heiß noch sehr kalt. Im Lauf eines Jahres folgen vier sehr unterschiedliche Jahreszeiten aufeinander.

Im Winter sind die Tage kurz, und es ist kalt. Die Bäume sind kahl.

Im Frühling werden die Tage länger, und die Knospen öffnen sich.

Im Sommer sind die Tage lang, und es ist warm. Die Früchte werden reif.

Im Herbst werden die Tage kürzer. Es regnet häufig, und das Laub fällt.

DAS KLIMA

Vom eisigen Polar- bis zum heißen Äquatorialklima: Als Klima bezeichnet man das Wetter, das in einer Region der Erde herrscht.

In einem gemäßigten Klima ist es an den Küsten selbst im Winter mild.

Im Landesinnern sind die Winter kälter und die Sommer heißer.

In der Wüste ist es tagsüber sehr heiß und nachts sehr kalt. Es regnet kaum.

Im tropischen Regenwald ist es nie kalt. Nach dem Regen folgt die Trockenzeit.

Das Klima einer Region wird bestimmt von ihrer Entfernung zu den Polen (den kältesten Regionen) und zum Äquator (der heißesten Region), aber auch von ihrer Höhe und der Entfernung zu einem Ozean.

Einmal im Jahr gibt es in Indien starke Regenfälle: der Monsunregen.

Am Äquator ist das Klima sehr heiß. Jeden Nachmittag regnet es.

Im Gebirge ist es kälter als im Tiefland. Im Winter schneit es viel.

An den Polen sind die Winter lang und eisig, die Sommer nur etwas wärmer.

WASSER

DIE MEERE

Meere und Ozeane sind weitläufige, riesige Salzwasserflächen.
Meere sind kleiner als Ozeane und meist von Festland umgeben.

Das Mittelmeer ist fast vollständig
von Festland umgeben.

In manchen Meeren mit sehr hohem
Salzgehalt geht man nicht unter.

Im Winter fahren auf den zuge-
frorenen Meeren nur Eisbrecher.

Die warmen Meere sind Paradiese
mit vielen Fischen und Korallen.

DER SUEZ-KANAL

Vor 150 Jahren begann der Franzose Ferdinand de Lesseps den Bau eines Kanals, der das Mittelmeer mit dem Roten Meer verbindet.

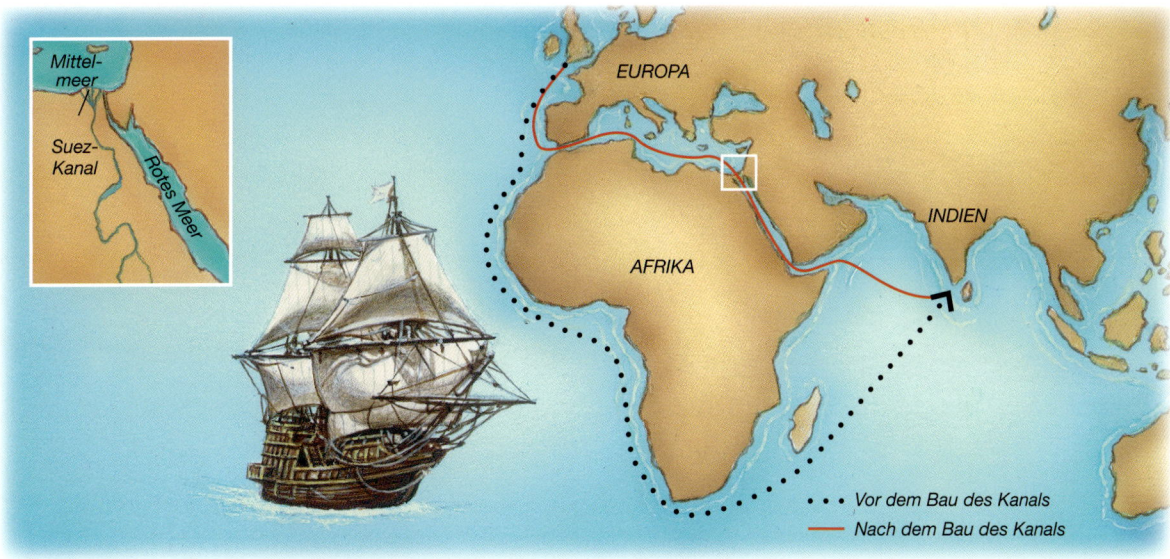

Für die Fahrt von Europa nach Indien mussten die Schiffe ganz Afrika umfahren. Eine Fahrt dauerte über drei Monate.

Im Jahr 1859 begannen die Arbeiten am 195 km langen Suez-Kanal.

Heute fahren Schiffe in zwei Wochen von Europa nach Asien.

SÜSSWASSER

Es entsteht überwiegend durch die Verdunstung des Wassers über den Meeren. Aus den Wolken fällt es als Regen oder Schnee auf die Erde.

Das Gletscherwasser ist sehr rein. Die Ureinwohner am Amazonas sammeln Regenwasser in großen Blättern. In reichen Ländern wird Wasser in Flaschen abgefüllt.

Flüsse, Seen, Gletscher und Grundwasservorkommen sind die wichtigsten Süßwasserreserven der Erde. Wir brauchen Süßwasser als Trinkwasser und zum Waschen. Man darf es nicht verschwenden und muss es vor Verschmutzung schützen.

GLETSCHER

Der Schnee auf Berggipfeln oder an den Polen schmilzt nie, denn dort ist es immer sehr kalt. Langsam setzt er sich und wird zu Eis.

Gletscher sind gewaltige Flüsse aus Eis, die sich langsam bewegen, da sie sehr schwer sind. Wie Wasser und Wind, verändern auch die Gletscher die Landschaften. Sie können große Felsbrocken über Dutzende von Kilometern mitschleifen.

Am Nord- und am Südpol gleitet das Eis der Gletscher in Richtung Meer. Immer wieder brechen riesige Stücke ab und treiben als Eisberge im Flüsser. Der größte Teil eines Eisbergs liegt unter Wasser. Für Schiffe ist er sehr gefährlich.

FLÜSSE

Flüsse werden zur Bewässerung der Felder, zur Versorgung der Städte mit Trinkwasser und als Transportweg für Menschen und Waren genutzt.

Fast jeder Flusslauf muss natürliche Hindernisse wie zum Beispiel steil abfallendes Gelände überwinden. Hier können spektakuläre Wasserfälle entstehen.

Ein Nebenfluss ist ein Fluss, der in einen anderen Fluss mündet.

Ein Fluss fließt nur selten geradeaus. Meist macht er Schleifen, die man Mäander nennt. Manchmal schließen sich solche Schlingen und bilden einen See. Er trocknet nach und nach aus, da er nicht mehr von einem Fluss gespeist wird.

Flüsse und Bäche können Landschaften verändern, Täler graben, Felsbrocken mitreißen und Steine glatt schleifen. Ein Fluss führt jede Menge Geröll mit, das er an anderer Stelle wieder ablegt.

Die längsten Flüsse der Welt sind der Amazonas in Südamerika und der Nil in Afrika. Beide sind ungefähr 7000 km lang.

Am Ende seiner Reise mündet der Fluss ins Meer. Es gibt einarmige Flussmündungen wie auf dieser Abbildung und Deltamündungen (siehe S. 79).

Staudämme nutzen die Wasserkraft zur Gewinnung von Elektrizität.

SALZWASSER

Das Wasser der Ozeane spülte Jahrmillionen lang das Gestein aus und wurde so zu Salzwasser. Aus dem Meerwasser wird Meersalz gewonnen.

In den Salzgärten lassen Sonne und Wind das Meerwasser langsam verdunsten. Zurück bleibt Meersalz, das eingesammelt und gereinigt wird.

In Regionen, die früher von Meer bedeckt waren, blieben an der Oberfläche dicke Salzschichten zurück, die der Mensch abbaut.

WENN FLÜSSE UND MEERE AUFEINANDERTREFFEN

Wenn ein Fluss ins Meer mündet, vermischt sich sein Süßwasser mit dem salzigen Meerwasser. Manchmal bildet sich ein Delta oder eine Lagune.

Flüsse führen Kies und Sand mit. Vor der Einmündung ins Meer werden diese Elemente manchmal in Ufernähe abgelagert. Nach und nach entstehen dadurch Landzungen, die immer weiter ins Meer hineinreichen. Ein solches Delta ist die Heimat vieler Tiere.

In den Mündungsdeltas der tropischen Flüsse wachsen Mangrovenbäume, die mit ihren Wurzeln im Wasser stehen. Hier leben Fisch fangende Vögel, Wasserschlangen und Fische, die auf der Suche nach Insekten auf Bäume springen.

SEEN

Die meisten Seen enthalten Süßwasser. Sie werden von unterirdischen Quellen oder von Fließgewässern gespeist.

Manche Seen entstanden dort, wo Erdbeben gewaltige Senken hinterlassen hatten. Sie sind in der Regel sehr tief.

Seen füllen Vertiefungen, die einst ein Gletscher grub.

Seen bilden sich in den Kratern erloschener Vulkane.

GEYSIRE

Geysire sind heiße Quellen, die in mehr oder weniger regelmäßigen Abständen Wasserfontänen ausstoßen.

Das Wasser der Geysire ist Regenwasser, das im Boden versickerte und dort vom glühend heißen Gestein erhitzt wurde.

MEERESSTRÖMUNGEN

Strömungen im Meer kann man sich als Flüsse vorstellen, die durch die Meere und Ozeane fließen. Sie führen kaltes oder warmes Wasser mit sich.

Dank der Strömung kann die Kokosnuss weit entfernt von dem Baum keimen, von dem sie gefallen ist, und ein Floß einen Ozean überqueren.

Eine Kaltwasserströmung aus der Antarktis bringt Robben an die Küsten Südafrikas, wo sie auf Löwen treffen.

Eine Warmwasserströmung erwärmt das Meer und sorgt für ein mildes Klima, in dem in Südengland Palmen wachsen.

WELLEN

Wenn der Wind über das Meer bläst, bringt er die Wasseroberfläche in Bewegung. Je stärker und je länger er bläst, umso höher sind die Wellen.

Surfer brauchen für ihren Sport große Wellen. Sie gleiten den Wellen-hang hinunter oder lassen sich in der sich bildenden Walze forttragen.

Wellen entstehen auf hoher See und branden an
die Küsten. Manchmal gibt es auch bei Windstille Wellen.
Der Grund hierfür sind Unwetter, die teilweise Tausende
von Kilometern entfernt niedergingen.

DIE GEZEITEN

Mehrmals am Tag steigt und fällt der Wasserspiegel der Ozeane.
Diese Bewegungen nennt man Gezeiten.

Wenn die Anziehungskräfte der Sonne und des Mondes in die gleiche Richtung wirken, sind die Gezeiten besonders stark. Man spricht von Springfluten.

Wenn die Anziehungskräfte der beiden Himmelskörper sich gegenüberstehen, sind die Gezeiten sehr schwach. Man spricht von Nippfluten.

Die Gezeiten entstehen durch die Anziehungskräfte von Sonne und Mond auf das Wasser der Ozeane. Der Mond ist der Erde näher und hat somit eine größere Wirkung.

So sieht es bei Ebbe unter Wasser aus.

Bei Flut ist der Strand nur ein schmaler Streifen. Manchmal verschwindet er ganz.
Bei Ebbe ist der Strand sehr breit, und die Boote im Hafen liegen auf dem Trockenen.
Jetzt kann man entlang der Küste auf Entdeckungstour gehen.

Die Zeiten von Ebbe und Flut ändern sich täglich. Mancherorts zieht sich das Meer bei Ebbe sehr weit zurück und verschwindet hinter dem Horizont. Achtung: Das Wasser kehrt mit hoher Geschwindigkeit zurück!

Bei Springfluten und starken Winden können die Wellen die Deiche überspülen und die Uferstraßen überfluten.

Diese Ziegen wurden von der Flut überrascht und müssen einige Stunden warten, bis der Wasserspiegel wieder sinkt.

Manche Straßen zwischen einer Insel und dem Festland sind nur bei Ebbe befahrbar. Bei Flut sind sie überflutet.

KORALLENRIFFE

Korallen sind winzige Tierchen, die sich eine Kalkschale bauen. Sie leben in Kolonien. Aus ihren Kalkskeletten entstehen die Korallenriffe.

Korallen in den verschiedensten Formen bilden zusammen einen herrlichen Unterwassergarten: Eine Heimat für farbenprächtige Fische.

Das größte Korallenriff der Welt liegt vor der Küste Australiens: das Große Barriereriff. Man kann es sogar vom Weltraum aus sehen. Das Riff mit rund 400 Korallen-arten bietet Lebens-raum für Tausende von Fischen.

SCHÄTZE DER MEERE

Wie der Boden, so beherbergt auch das Meer viele Rohstoffe und Schätze, die der Mensch schon seit langem nutzt.

Gewaltige Fischschwärme bevölkern die Ozeane. Der Fischfang muss streng geregelt werden, damit die Meere nicht leergefischt werden.

Unter dem Meer befinden sich zahlreiche Erdöl-Lagerstätten. Mithilfe von Bohrinseln mitten im Ozean wird das Öl gefördert.

Das Meer ist auch eine wichtige Energiequelle. Immer häufiger nutzt der Mensch die Kraft der Gezeiten und der Wellen und gewinnt daraus Elektrizität. Diese Art der Stromerzeugung ist umweltfreundlich.

In einem Gezeitenkraftwerk wird Strom erzeugt.

Algen werden als Lebensmittel, für Medikamente und für Kosmetik angebaut.

Mit einer Dredge (Schleppnetz) werden Miesmuscheln vom Meeresgrund abgeschält. Mit anderen Vorrichtungen kann man Sand und Kies für den Bau von Straßen und Häusern gewinnen.

DAS LEBEN
AUF DER ERDE

DAS LEBEN ENTSTAND IM MEER

Direkt nach der Entstehung der Erde gab es kein Leben auf ihr.
Die ersten Anzeichen von Leben entstanden in den warmen Meeren.

Algen waren die ersten Formen von Leben auf der Erde. Später entwickelten sich
Würmer ①, Korallen, Schwämme, Quallen ② und Tiere mit Panzern und Schalen wie
Seeigel ③, Meeresskorpione ④ und Trilobiten ⑤.

Kieferlose
Fische

Fische
mit Kiefer

Die ersten Fische hatten keinen Kiefer. Sie verschlangen winzige Beutetiere.
Die Dornhaie waren die ersten Fische mit Kiefer. Später entwickelten sich die
Panzerfische, deren Körper ein schützender Knochenpanzer umgab.

SPUREN DER VERGANGENHEIT

Die versteinerten Abdrücke von Pflanzen und Tieren helfen den Wissenschaftlern dabei, die Geschichte der Erde nachzubilden.

Ammoniten

Seeskorpion

Quastenflosser

Seelilie

Trilobit

All diese Tiere lebten im Meer. Einige von ihnen gibt es auch heute noch wie den Quastenflosser, der sich vor 360 Millionen Jahren entwickelte.

ERSTE SCHRITTE AN LAND

Einige Fische verließen das Wasser. Aus ihnen entwickelte sich die Gruppe der Amphibien, die an Land und im Wasser leben.

Ichthyostega gehörte zu den ersten Amphibien, die das Festland eroberten. Er hatte einen großen Schwanz mit Flosse, mit dem er sich im Wasser schnell fortbewegen konnte.

Später entwickelten sich die Reptilien. Fliegende Reptilien eroberten den Luftraum. Die Dinosaurier wie zum Beispiel Diplodocus und Tyrannosaurus waren Millionen Jahre lang die uneingeschränkten Herrscher des Festlandes.

WARUM STARBEN DIE DINOSAURIER AUS?

Die Dinosaurier verschwanden vor rund 65 Millionen Jahren schlagartig von der Erde. Es gibt vier mögliche Ursachen.

Ein gewaltiger Vulkanausbruch oder der Einschlag eines riesigen Meteoriten könnte eine sehr heiße Aschewolke ausgelöst haben, hinter der die Sonne monatelang verborgen blieb. Die Pflanzen gingen ein, und die Dinosaurier verhungerten.

Das Klima kühlte sich so stark ab, dass die Pflanzen unter Schnee und Eis verschwanden. Oder das Klima erwärmte sich und die Pflanzen trockneten aus. In beiden Fällen hätten die Dinosaurier den brutalen Klimawandel nicht überleben können.

DIE ERSTEN PFLANZEN

Einige Algen verließen das Wasser und breiteten sich auf dem Festland aus. Es bildeten sich Moose, Flechten und Farne.

Nahansicht einer vorgeschichtlichen Flechte

Algen, Moose und Flechten sind Pflanzen ohne Wurzeln. Sie besitzen eine Art Fuß, mit dem sie sich am Untergrund festklammern.

Die Pflanzen in den frühen Wäldern waren riesengroß. Einige Arten überlebten bis heute, allerdings in wesentlich kleinerer Form.

BÄUME UND BLUMEN ENTSTEHEN

Zur Zeit der Dinosaurier bedeckten endlose Wälder die Erdoberfläche.
Viele neue Blumenarten tauchten auf.

Den Ginko gab es bereits
vor den Dinosauriern.

Die Magnolie gehörte zu den
ersten blühenden Pflanzen.

Später entwickelten sich die
Vorfahren der Rosengewächse.

Nach dem Tod der Dinosaurier
breiteten sich die Blumen aus.

PFLANZEN UND PILZE

Überall auf der Welt und in allen Klimazonen wachsen Pflanzen. Sie sind grün, da sie einen grünen Farbstoff namens Chlorophyll enthalten.

Die Pflanze nimmt Kohlendioxid aus der Luft und Wasser aus der Erde auf. Mithilfe des Sonnenlichts wandelt sie diese Stoffe in Nahrung um. Diesen Vorgang nennt man Photosynthese. Er ermöglicht das Wachstum der Pflanze. Während der Umwandlung gibt die Pflanze Sauerstoff an die Atmosphäre ab.

Die Pflanze besitzt Wurzeln, über die sie das Wasser aus der Erde zieht. Mit dem Wasser erhält sie die für eine gesunde Entwicklung nötigen Nährstoffe.

Die Wurzeln versorgen die Pflanze nicht nur mit Nahrung, sondern verankern sie auch im Boden. Sie geben auch bei Sturm nicht nach.

Flechten wachsen nur in reiner Luft. Man sieht sie häufig auf Steinen in den Bergen.

Farne sind vor allem in Wäldern und Heiden verbreitet.

Moos liebt Feuchtigkeit. Daher überzieht es häufig die Steine neben Wasserfällen.

Es gibt über 300 000 Pflanzenarten auf der Erde. Sie dienen vielen pflanzenfressenden Tieren als Nahrung und befinden sich dadurch am Anfang der Nahrungskette.

Die Venusfliegenfalle schließt ihre beiden Blätter, sobald sich ein Insekt auf ihr niederlässt.

Die Blätter des Sonnentaus haben klebrige Tropfen an ihren Enden. Die Beute bleibt hängen und kann sich nicht mehr befreien.

Im unteren Teil der röhrenartigen Blätter der Schlauchpflanze befinden sich Verdauungssäfte, in denen die Insekten ertrinken und gleich verdaut werden.

Einige Pflanzen ernähren sich von kleinen Tieren, die sie mit trickreichen Techniken fangen. Man bezeichnet sie als fleischfressende Pflanzen.

Steinpilz

Toten-trompete

Morchel

Fliegen-pilz

Satanspilz

Pilze wachsen in Wäldern und an feuchten Orten. Einige Pilze sind essbar, andere wie zum Beispiel der Fliegenpilz und der Satanspilz sind hochgiftig. Man sollte giftige Pilze auch nicht anfassen.

BÄUME

In allen Regionen der Welt prägen Bäume die jeweiligen Landschaften. Wie alle Pflanzen produzieren sie Sauerstoff, der für die anderen

In gemäßigten Breiten wachsen in den Wäldern überwiegend Laubbäume, deren Blätter im Herbst abfallen.

Akazien und Affenbrotbäume sind typische Bäume der Savanne.

In den Bergen haben die Blätter an den Bäumen die Form von Nadeln. Sie fallen im Winter nicht ab. Es sind Nadelbäume.

Lebewesen lebenswichtig ist. Bäume beherbergen eine Vielzahl von Tieren, und die Menschen fertigen aus ihrem Holz Häuser oder Möbel und nutzen es zum Heizen.

Palmen findet man in der Regel in warmen Ländern.

Die Wälder im Mittelmeerraum sind reich an Kiefern, Korkeichen und Zedern.

In den tropischen Regenwäldern gibt es viele verschiedene, zum Teil sehr große Bäume.

BLUMEN

Blumen gibt es in den herrlichsten Farben und viele duften gut. In allen Lebensräumen und sämtlichen Klimazonen kann man Blumen finden.

Das sind Feld- und Wiesenblumen: ① Kornblume, ② Butterblume, ③ Mohnblume, ④ Gänseblümchen, ⑤ Löwenzahn, ⑥ Herbstzeitlose.

Zu den Waldblumen gehören: ① Narzisse, ② Veilchen, ③ Schlüsselblume, ④ Schneeglöckchen, ⑤ Heckenrose, ⑥ Maiglöckchen.

Auf Wiesen, an Flussufern, im Gebirge und an vielen weiteren Orten wachsen Tausende von Wildblumen. Darunter sind winzig kleine und sehr große Blumen. Jede einzelne Art muss geschützt werden.

Blumen in Hecken: ① Ginster, ② Heidekraut, ③ Stechginster.

Blumen der Dünen: ① Sandstrohblume, ② Stranddistel, ③ Sandnelke.

Blumen im Gebirge: ① Edelweiß, ② Glockenblume, ③ Blauer Enzian.

Blumen in Teichen: ① Seerose, ② Lotosblume.

DIE HERRSCHAFT DER SÄUGETIERE

Als die Dinosaurier vor 65 Millionen Jahren ausstarben, vermehrten sich die Säugetiere, die zuvor versteckt in den Wäldern lebten.

① Glyptodon bot sein gewaltiger, 3 m langer Panzer Schutz.
② Megatherium war 6 m lang. Er ernährte sich von Blättern.

Während einer der großen Eiszeiten vor 2 Millionen Jahren lebten Mammuts neben Höhlenbären und Wollnashörnern.

VORFAHREN DER MENSCHEN

Die frühen Vorfahren des Menschen tauchten vor 3,5 Millionen Jahren in Afrika auf. Nach und nach verbreiteten sie sich auf den Kontinenten.

Australopithecus aß Blätter und Früchte. Er war behaart.

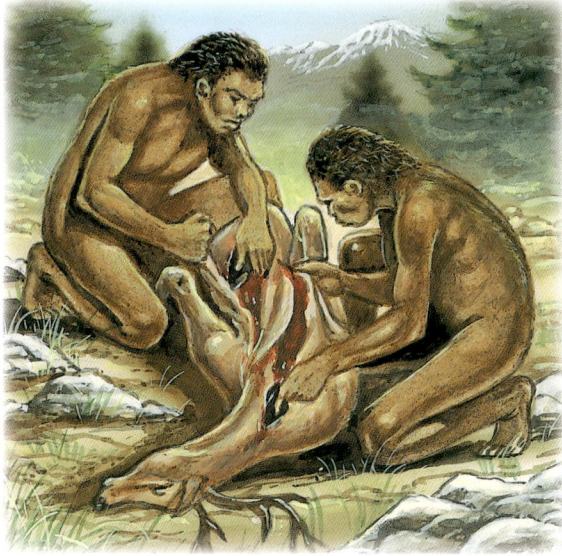

Homo habilis zerlegte das erlegte Wild mit behauenen Steinen.

Homo erectus konnte mithilfe von Feuersteinen Feuer entfachen und somit Lebensmittel garen, Waffen schmieden und sich vor wilden Tieren schützen.

DIE ERSTEN MENSCHEN

Nach dem Homo erectus, dem ersten Menschen im eigentlichen Sinne, kam der Homo sapiens, aus dem sich der moderne Mensch entwickelte.

Der Neandertaler jagte Mammuts und Bisons. Aus ihren Häuten fertigte er Kleidung oder deckte mit ihnen die Behausungen ab.

Der Cro-Magnon-Mensch beherrschte die Sprache. Er schnitzte Statuen aus Knochen und malte Jagdszenen an Höhlenwände.

TIERE IN DER ANTARKTIS

Tiere bevölkern die ganze Erde. In der kältesten Region, der Antarktis, leben nur sehr wenige Tiere, da das Klima dort extrem eisig ist.

Pinguine gehören zu den Vögeln, obwohl sie nicht fliegen können. Sie leben in Kolonien auf dem Packeis und ernähren sich von Fischen.

Robben schützen sich mit einer dicken Fettschicht vor der Kälte.

Der riesige Blauwal ist so schwer wie fünf große Lastwagen.

TIERE IN DER ARKTIS

Am Nordpol gibt es mehr Tiere als am Südpol. Sie schützen sich mit einem dicken Fell vor der Kälte.

Der Eisbär erlegt die Robbe durch einen kräftigen Tatzenhieb.

Der Polarfuchs ist ein guter Jäger. Im Winter ist sein Fell weiß.

Das zottelige Fell des Moschusochsen schützt ihn vor Kälte.

Die Seeschwalbe ist ein Zugvogel und legt gewaltige Reisen zurück.

TIERE IM AMAZONAS-REGENWALD

In keiner anderen Region auf der Erde ist die Tier- und Pflanzenwelt so reich wie in diesem tropischen Regenwald am Äquator.

① Klammeraffe, ② Hellroter Ara – einer der größten Papageien Südamerikas, ③ Tukan, ④ Grüne Hundskopfboa, ⑤ Faultier, ⑥ Jaguar, ⑦ Riesengürteltier.

TIERE DER WÜSTE

In den Wüsten ist es tagsüber sehr heiß und nachts sehr kalt.
Alle Tiere müssen sich an die Trockenheit anpassen.

*Die Mendesantilope
trinkt nie. Ihr genügt
die Feuchtigkeit in den
Pflanzen, die sie frisst.*

*Dank seines Höckers
aus Fettgewebe kann das
Dromedar mehrere Wochen
ohne Wasser auskommen.*

Horn-
viper

Wüstenigel

Sandkatze

Wüstenfuchs

Wüsten-
springmaus

Wüstenschildkröte

Skorpion

Die Tiere entkommen der Hitze, indem sie sich verstecken: Der Wüstenfuchs kriecht in einen Felsspalt, die Hornviper vergräbt sich im Sand.

TIERE IM GEBIRGE

Tiere, die im Gebirge leben, können sich vor Kälte schützen. Manche von ihnen machen einen Winterschlaf, andere bekommen ein Winterfell.

Vor dem Winterschlaf fressen sich die Murmeltiere an Gräsern satt.

Im Januar oder Februar kommen zwei oder drei Bärenjunge zur Welt.

Gämsen und Steinböcke besitzen spezielle Hufe zum Klettern.

Im Winter wird das Fell des Hermelins ganz weiß und dicht.

TIERE DER WÄLDER

Die Wälder in gemäßigten Breiten sind die Heimat vieler Tiere. Man sieht sie nur selten, da einige von ihnen nur nachts aus ihrem Versteck kommen.

① Eichhörnchen, ② Eule, ③ Rothirsch, ④ Reh mit Kitz, ⑤ Fuchs, ⑥ Wildschwein, ⑦ Wiesel, ⑧ Igel, ⑨ Dachs.

TIERE DER SAVANNE

In den weiten Graslandschaften Afrikas leben Raubtiere neben großen Tierherden, die sich von Gräsern ernähren.

Zu den Tieren der Savanne gehören: ① Löwe, ② Gepard, ③ Zebra, ④ Gazelle, ⑤ Giraffe, ⑥ Elefant.

TIERE DER MEERE

Auf diesem Bild sind einige Meerestiere nebeneinander abgebildet, die in Wirklichkeit weit entfernt voneinander leben.

① Delfin, ② Wal, ③ Hai, ④ Seeanemone, ⑤ Miesmuschel, ⑥ Taschenkrebs, ⑦ Krake, ⑧ Korallen, ⑨ Tiefseefisch.

GEFAHR FÜR
DIE ERDE

BEDROHTE TIERARTEN

Viele Tiere sind vom Aussterben bedroht, weil die Menschen sie jagen oder ihren Lebensraum verschmutzen oder zerstören.

Der Große Panda ernährt sich ausschließlich von Bambus. Ihn bedrohen die Jagd und die Zerstörung seines Lebensraums.

Der Afrikanische Elefant wird wegen des Elfenbeins seiner Stoßzähne gejagt. Der Tierbestand hat sich innerhalb von nur 30 Jahren halbiert.

Der Sibirische Tiger wurde wegen seines Fells stark gejagt. Heute gibt es nur noch etwa 400 Tiere.

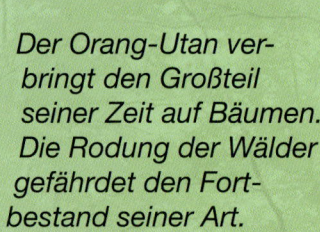

Der Orang-Utan verbringt den Großteil seiner Zeit auf Bäumen. Die Rodung der Wälder gefährdet den Fortbestand seiner Art.

Der Abessinische Wolf in Afrika ist bedroht, da er sich bei den Haushunden mit tödlichen Krankheiten (zum Beispiel Tollwut) anstecken kann.

Zum Schutz einiger bedrohten Tierarten schuf der Mensch große Naturschutzgebiete an Land und im Meer. In ihren natürlichen Lebensräumen können die Tiere geschützt leben und sich fortpflanzen.

Obwohl es ein Walfangverbot gibt, sterben zahlreiche Wale jedes Jahr durch die Harpunen der Fischer.

In Asien werden Haie ausschließlich wegen ihrer Flossen gejagt, da die Haifischflossensuppe eine hoch geschätzte Speise ist.

Die Lederschildkröte verfängt sich in den Netzen der Fischer oder erstickt an Plastiktüten, die sie für Quallen hält.

Der Blauflossen-Thunfisch ist durch den intensiven Fischfang vom Aussterben bedroht.

DIE ERDE IN GEFAHR

Einige Gase in der Atmosphäre wie CO_2 und Methan sorgen für ein natürliches Gleichgewicht der Temperaturen auf der Erde, da sie einen Teil der

Die industrialisierten Länder produzieren riesige Müllberge, die bei ihrer Verrottung CO_2 ausstoßen.

Die Städte werden immer größer und mit ihnen die Fabriken, die giftige Gase an die Luft abgeben.

Der Mensch züchtet Vieh und baut Getreide an. Kühe und Reisfelder geben CO_2 an die Luft ab.

Der Mensch nutzt immer häufiger das Auto, den Zug und das Flugzeug. Diese Verkehrsmittel setzen CO_2 frei.

Sonnenstrahlen aufnehmen. Durch das Handeln des Menschen wird dieser sogenannte Treibhauseffekt jedoch verstärkt, da er immer mehr schädliche Gase in die Atmosphäre einleitet. In der Folge erwärmt sich das Klima.

Am Rand der Wüsten nimmt die Bevölkerung zu, auch gibt es mehr Vieh. Die Bäume verschwinden.

Die tropischen Regenwälder werden gerodet. Dadurch wird weniger CO_2 aus der Luft von Bäumen aufgenommen.

Der Ozean nimmt ein Drittel des Kohlendioxids aus der Luft auf und speichert es in seinen Tiefen. Doch aufgrund bestimmter Wetterlagen kommt das mit CO_2 gesättigte Wasser an die Oberfläche des Ozeans, der dadurch weniger CO_2 aufnehmen kann. Das Packeis seinerseits reflektiert den größten Teil der Sonnenstrahlen, doch durch das Schmelzen des Eises wird weniger reflektiert. All dies trägt zur Klimaerwärmung bei.

FOLGEN DER KLIMAERWÄRMUNG

Die Klimaerwärmung droht das empfindliche Gleichgewicht auf unserem Planeten und mit ihm das Wetter auf der Erde durcheinanderzubringen.

Extreme Wetterlagen wie Stürme und Orkane werden immer heftiger und häufiger.

Durch die Erwärmung des Wassers steigt der Wasserspiegel. Dadurch könnten einige Inseln überflutet werden.

Das Schmelzen der Gletscher, die zahlreiche Flüsse speisen, könnte die Trinkwasserversorgung gefährden.

Der Verlauf von Meeresströmungen wie des Golfstroms könnte sich ändern. Die Winter in Westeuropa würden härter.

AUCH DAS MEER IST IN GEFAHR

Jeder kann einen Beitrag zum Schutz des Meeres leisten. Man sollte keinen Müll am Strand zurücklassen, der ins Meer gespült werden könnte.

Es gelangt immer noch ungeklärtes Abwasser in Flüsse und Meere.

Bei Flut wird viel Müll auf den Stränden angeschwemmt.

Die Öltanker, die ihre Tanks auf See ausspülen oder nach einem Schiffsunglück auslaufen, verschmutzen die Meere und töten so viele Tiere.

KLEINE GESTEN SCHÜTZEN UNSEREN PLANETEN

Mit seinem Verhalten im Alltag kann man sehr leicht den Schutz der Umwelt unterstützen. Viele kleine Gesten helfen dabei.

Der Bau von Niedrigenergie-häusern mit begrünten Dächern, Solaranlagen und Regenwasserauffang-systemen hilft dabei, Energie und Wasser zu sparen.

Mülltrennung ist wichtig, damit Wertstoffe wiederverwertet werden.

Pflanzliche Abfälle können zu natürlichem Dünger werden (Kompost).

Man sollte möglichst oft das Fahrrad oder öffentliche Verkehrsmitteln nutzen.

Es ist gut, Obst und Gemüse der Saison aus der näheren Umgebung zu kaufen, damit die Transporte und damit die CO_2-Emissionen gering sind.

IMMER MEHR MENSCHEN AUF DER ERDE

Da die Gesamtbevölkerung der Welt wächst, braucht man immer mehr Wohnraum, mehr Fabriken und mehr Transportmittel.

Doch die Industrie und der Transport gehören zu den Tätigkeiten der Menschen, die den Treibhauseffekt am meisten anheizen.

Auf der Erde leben knapp 7 Milliarden Menschen. Manche Länder sind stärker bevölkert als andere. Über die Hälfte der Menschen lebt in Asien, vor allem in China und Indien.

Nordamerika:
über 455 Millionen Einwohner

Südamerika:
370 Millionen Einwohner

Afrika:
1 Milliarde Einwohner

Alle Völker sollen gute Lebensbedingungen haben. Dazu muss
der Mensch unseren Planeten Erde schützen, denn die Gefahren für
die Erde bedrohen letztendlich auch ihn selbst.

Inuit (Sibirien,
Alaska, Grönland):
150 000 Einwohner

Europa:
738 Millionen Einwohner

China:
über 1,3 Milliarden Einwohner

Indien:
knapp 1,2 Milliarden Einwohner